"十二五"国家重点电子出版物规划项目
机电工程数字化手册系列

工程材料速查数字化手册

周殿明　主编
机电工程数字化手册编制组　制作

机械工业出版社

本数字化手册依据国家和行业的最新标准，介绍了各种材料的品种、牌号、性能、应用以及材料的选择等，涵盖了常用的数据资料、金属材料与型材、高分子材料与塑料制品、建筑用混凝土钢筋、水泥、木材、玻璃、耐火材料、涂料、橡胶及制品和石油制品等诸多内容。

本数字化手册具有方便快捷的资料查询功能，可按目录查询、索引查询、搜索查询、数据表查询等查询方式，能准确、快捷地查到所需要的数据，并进行下载。其中的计算公式使用方便，只需输入数值就可轻松得到正确的运算结果。本数字化手册具有很好的交互性，用户可根据需要自行创建数据表、计算公式和曲线图资源。

本数字化手册可供冶金、机械、矿山、农业、化工、轻工、建筑、运输等行业的生产、科研、计划、购销和管理人员使用。

图书在版编目（CIP）数据

工程材料速查数字化手册/周殿明主编；机电工程数字化手册编制组制作 . —北京：机械工业出版社，2014.9

（机电工程数字化手册系列）

ISBN 978-7-111-47523-1

Ⅰ. ①工… Ⅱ. ①周…②机… Ⅲ. ①工程材料—技术手册 Ⅳ. ①TB3-62

中国版本图书馆 CIP 数据核字（2014）第 169971 号

机械工业出版社（北京市百万庄大街22号 邮政编码100037）

策划编辑：孔 劲 责任编辑：孔 劲 李含杨

版式设计：霍永明 责任校对：杜雨霏

封面设计：马精明 责任印制：乔 宇

北京铭成印刷有限公司印刷

2014 年 9 月第 1 版第 1 次印刷

184mm×260mm ·2.5 印张·插页 2·48 千字

标准书号：ISBN 978-7-111-47523-1

ISBN 978-7-89405-494-4（光盘）

定价：128.00 元(含 1CD)

图 1-1 初始窗口

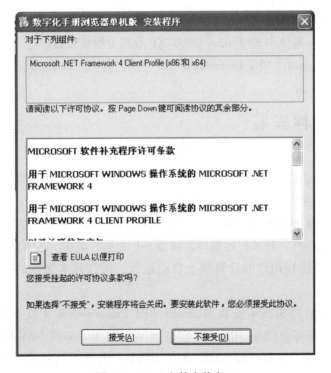

图 1-2 .NET 文件安装窗口

第1章 系统安装与注册

《工程材料速查数字化手册》与许多 Windows 安装程序一样，具有良好的用户界面。只要用户之前亲手安装过其他的应用程序，就可以轻松地安装《工程材料速查数字化手册》。

1.1 运行环境及配置要求

安装《工程材料速查数字化手册》之前，需要检查计算机是否满足最低的安装要求。为了能流畅地运行此软件，用户的计算机必须满足以下要求：

1）主频 1GHz 及以上 CPU。

2）VGA 彩色显示器（建议显示方式为 16 位真彩色以上，分辨率 1024×768 像素及以上）。

3）250GB 及以上硬盘空间。

4）1GB 及以上内存。

5）16 倍速 CD-ROM 驱动器。

6）操作系统：简体中文 Windows2000/XP 及以上操作系统。

7）其他：Microsoft . NET Framework 4. 0；SQL Server Compact 3. 5 SP2。

1.2 系统软件安装

在软件安装之前以及安装过程中，请关闭其他的 Windows 应用程序，以保证数字化手册的安装和运行速度。具体安装步骤如下：

1）在 CD-ROM 驱动器中放入《工程材料速查数字化手册》安装光盘。

2）光盘自动运行，显示初始窗口，如图 1-1 所示。单击"安装"按钮即可进行安装。如果本光盘无法在用户的计算机上自动运行，请打开本光盘的根目录，运行 set-up. exe 文件。

3）如果用户计算机尚未安装 Microsoft. NET Framework 4. 0 或 SQL Server Compact 3. 5 SP2，安装程序将自动从 Microsoft 官方网站下载 Microsoft. NET Framework 4 Client Profile 安装包或 SQL Server Compact 3. 5 SP2 安装包，并在下载完成后自动运行安装，如图 1-2 所示。

目 录

前　言

　　为适应多种工程项目的开发需要，满足工程技术人员对数字化信息的需求，我们在机械工业出版社出版的《工程材料速查手册》基础上，开发研制了《工程材料速查数字化手册》（以下简称为本数字化手册）。本数字化手册以最新的国家标准、行业标准为基础，从生产实际应用出发，介绍了各种材料的牌号、性能和用途等，包括常用数据资料，金属材料与型材，高分子材料与塑料制品，建筑用混凝土钢筋、水泥、木材、玻璃及各种辅助材料等内容，是目前国内有关工程材料方面数据资料较为齐全和规范的资料库软件。

　　本数字化手册具有方便快捷的资料查询功能，可按目录查询、索引查询、搜索查询、数据表查询等方式，能准确、快捷地查到所需要的数据，并进行下载，缩短了查询数据所用的时间，提高了工作效率；独特设计的计算公式，只需输入数值就可轻松得到正确的运算结果；具有很好的交互性，用户可根据需要自行创建数据表、计算公式和曲线图资源。

　　目前已出版的数字化手册有：《中外金属材料牌号和化学成分对照数字化手册》《金属材料规格及重量数字化手册》《实用五金数字化手册》《新编铸造技术数据数字化手册》《实用紧固件数字化手册》《实用金属材料数字化手册》《工程材料速查数字化手册》。今后，数字化手册的功能将进一步完善，内容也将及时更新，服务会长期进行。对于本数字化手册中可能存在的错误，敬请用户不吝赐教，以便使我们的产品不断优化升级，满足用户需要。

　　本数字化手册是单机版，如需购买网络版请与我们联系。

　　联系人：李先生　办公电话：(010) 88379769　QQ：2822115232

机电工程数字化手册 编制组

在用户阅读协议内容并表示同意后单击"接受"按钮，进入图1-3所示安装进度条。

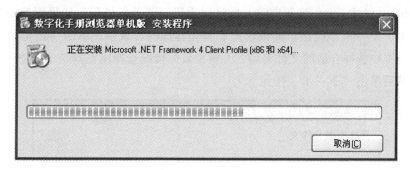

图1-3　安装进度条

如果用户计算机的操作系统已安装了 Microsoft. NET Framework 4.0 和 SQL Server Compact 3.5 SP2，则直接进入第4）步。

温馨提示：在系统安装过程中，安装程序将自动识别用户计算机当前是否已安装了.NET 框架。若没有，安装程序将在安装系统程序之前自动启动.NET 框架的安装。安装过程会自动指向微软的下载站点进行该软件的下载安装。该下载过程时间的长短与网速有关。如果用户在安装时不具备上网条件，或者网速较慢，可以事先从微软官方网站下载 Microsoft .NET Framework 4 Client Profile 独立安装程序（下载地址：http://www.microsoft.com/zh-cn/download/details.aspx? id = 24872）和 Microsoft SQL Server Compact 3.5 Service Pack 2 安装程序（下载地址：http://www.microsoft.com/zh-cn/download/details.aspx? id = 5783）（下载地址也可通过单击"初始窗口"中的"帮助"按钮，在文档中可以查到），安装完成后再启动本数字化手册的安装。

4）安装完成后进入图1-4所示的"数字化手册浏览器单机版"安装向导。在用户阅读警告内容并表示同意后，单击"下一步"按钮。

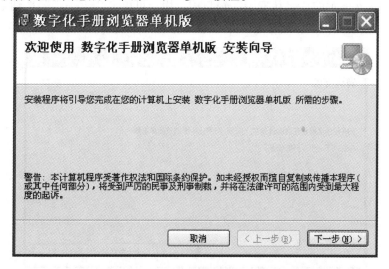

图1-4　"数字化手册浏览器单机版"安装向导

　　5）进入图1-5所示的"选择安装文件夹"窗口。系统推荐的安装目录是 C：\ Program Files \ 机械工业信息研究院 \ 数字化手册浏览器单机版，如果同意安装在此目录下，单击"下一步"按钮。如果希望安装在其他的目录中，单击"浏览"按钮，在弹出的对话框中选择合适的文件夹后，并根据具体情况选择浏览器是个人使用还是所有人使用，然后单击"下一步"按钮。

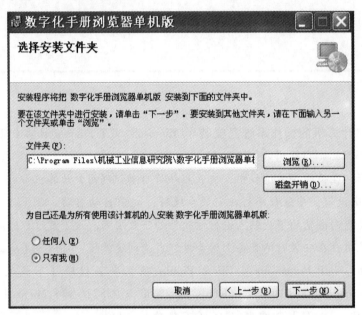

图1-5　　"选择安装文件夹"窗口

　　如果选择的是系统推荐的安装目录 C：\ ，而用户的计算机显示安装失败，则可将 C 改为 D 或其他的分区。

　　如果第1次安装失败，必须将相关软件全部卸载后才能进行第2次安装。

　　6）在图1-6所示的"确认安装"窗口中，用户可单击"上一步"按钮返回上一步骤，重新调整安装文件夹，或单击"下一步"按钮开始安装。

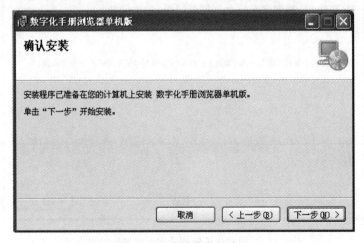

图1-6　　"确认安装"窗口

7）在安装过程中，安装向导显示图 1-7 所示的安装过程，在此期间，用户可随时单击"取消"按钮取消当前的安装。

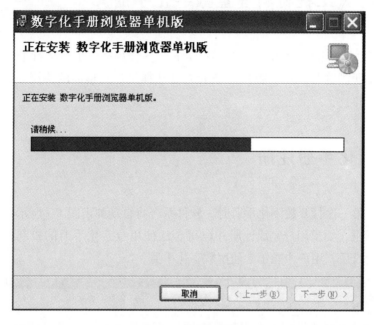

图 1-7　安装过程

8）当成功安装结束后，安装向导显示图 1-8 所示的"安装完成"窗口，提示用户系统已正确安装完成。单击"关闭"按钮，完成安装。

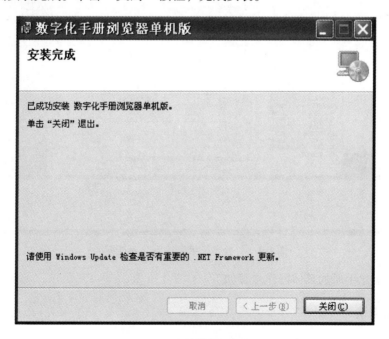

图 1-8　"安装完成"窗口

1.3　启动《工程材料速查数字化手册》

安装完毕后，单击"开始"→"所有程序"→"数字化手册运行平台"程序组下的"数字化手册浏览器（单机版）"，或者右键选择发送到桌面的快捷方式，双击快捷方式即可启动。

1.4　数字化手册注册

当用户在第一次打开数字化手册时，软件系统将自动弹出图 1-9 所示的"数字化手册注册"对话框，要求用户完成注册并取得合法使用数字化手册的权利。只有在完成注册和取得授权后，用户才能正常使用数字化手册。

图 1-9　"数字化手册注册"对话框

注册数字化手册的具体操作步骤如下。

1. 注册申请

用户可采用两种方式完成数字化手册的注册申请。

（1）文件注册申请方式（推荐）

1）在系统自动弹出的"数字化手册注册申请"对话框（见图1-10）中（如果该对话框被关闭，用户可通过工具条上的"属性"按钮弹出属性窗口，单击"授权"窗口上的"立即注册"标签重新打开注册对话框）输入手册序列号、用户（单位）名称、联系人、联系电话、地址、E-mail等信息。其中手册序列号、用户（单位）名称、联系人为必填项，办公电话和移动电话任填其一。

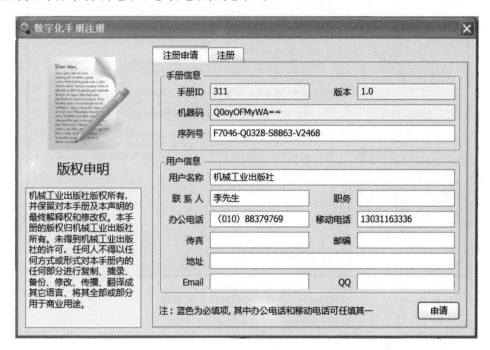

图1-10　"数字化手册注册申请"对话框

温馨提示： 数字化手册的序列号在光盘的正下方。输入序列号时请注意区分大小写，否则在授权时系统会提示此序列号不存在，从而导致无法授权，影响使用。

2）填写完成后，单击对话框右下方的"申请"按钮，在随即弹出的文件保存对话框中，选择一个文件夹保存系统生成的注册申请文件（文件扩展名为.req）。

3）用户通过电子邮件（2822115232@qq.com）或QQ（2822115232）等网络通信工具，将注册申请文件发送给手册发行商，向手册发行商申请授权文件。

（2）手工注册申请方式　对因保密等其他原因不方便外发电子文件的单位或个人，用户可通过传真、书信等方式将手册序列号、用户（单位）名称、联系人、联系电话、地址、E-mail等信息告知手册发行商，向手册发行商申请授权文件。

2. 完成注册

1）当用户收到手册发行商返回的手册授权文件（文件扩展名为.lic）后，运行数字化手册，在系统自动弹出的"数字化手册注册"对话框中（见图1-9）（如果该窗口被关闭，用户可通过工具条上的"属性"按钮弹出"属性"窗口，单击"授权"窗口

上的"立即注册"标签重新打开注册对话框），单击"注册"按钮，然后单击"加载
授权文件"按钮，加载授权文件（见图1-11），再单击右下角的"注册"按钮完成数字
化手册的注册。

图1-11　　"加载授权文件"对话框

2）注册通过后，数字化手册浏览器将显示"注册成功"的信息提示框，如图1-12
所示，表示用户已取得授权，单击"确定"按钮，即可正常使用数字化手册。

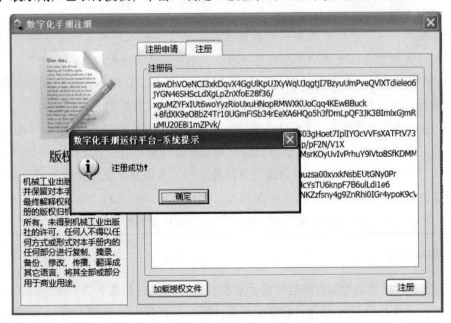

图1-12　　"注册成功"信息提示框

温馨提示：数字化手册的每一个手册序列号、授权文件和计算机的机器码是相对应的，用户如果需要在不同的计算机上进行安装，只需用同一序列号重新注册即可。请用户妥善保存好每一台计算机上数字化手册相对应的授权文件，一旦因其他原因需要重装系统时，只需重新加载授权文件即可。

3. 查看授权信息

对已取得授权的数字化手册，用户可通过工具条上的"属性"按钮弹出属性窗口，在"授权"窗口查看手册授权信息，如图 1-13 所示。如果需要，用户也可通过单击该窗口左下角的"更新授权信息"按钮重新进行注册申请或更新授权文件等操作。

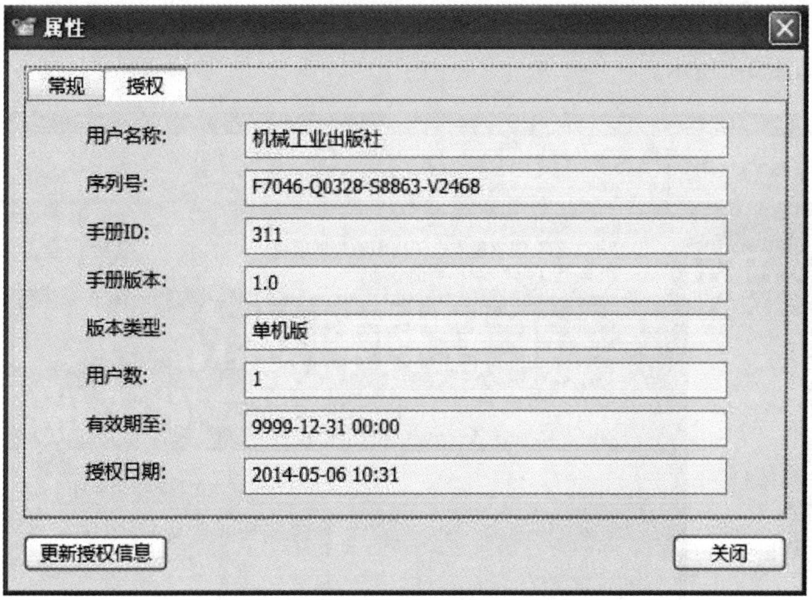

图 1-13 "授权"窗口

1.5 系统卸载

用户可通过"开始"→"所有程序"→"数字化手册运行平台"→"卸载数字化手册浏览器（单机版）"来卸载已安装的程序，或通过"控制面板→卸载程序"选中"数字化手册浏览器单机版"图标来卸载已安装的程序。

第 2 章　系统功能简介

2.1　打开数字化手册

当数字化手册安装完成后，用户通过"开始"→"所有程序"→"数字化手册运行平台"→"数字化手册浏览器（单机版）"程序菜单，打开"工程材料速查数字化手册"，如图 2-1 所示。

图 2-1　打开的"工程材料速查数字化手册"

与其他常见的数字化手册不同，本数字化手册软件系统采用"数字化手册浏览器+数字化手册内容包"的模式，即由一个称为"数字化手册浏览器"（以下简称浏览器，请注意不要与 IE 浏览器混淆）的应用软件来解释运行每个具体的数字化手册内容包，从而支持在同一台个人计算机上安装和运行多个不同的数字化手册。

如果在同一台计算机上安装了多个不同的数字化手册，用户可通过单击工具栏上的"打开"按钮来选择打开某个已安装的数字化手册（文件扩展名为 .em）。浏览器会记录用户最后打开的数字化手册，并在下次启动时自动打开该数字化手册。

2.2　数字化手册主窗口

如图 2-2 所示，数字化手册主窗口分为四个功能区域。

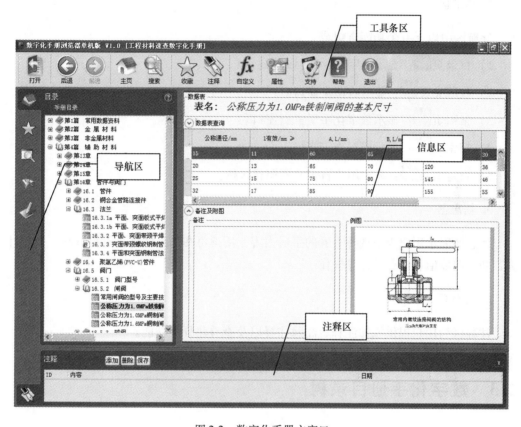

图 2-2　数字化手册主窗口

1. 工具条区

以工具条按钮的方式为用户提供各项功能入口。具体包括以下功能按钮：

1）打开：打开数字化手册。

2）后退：返回前一个数字化手册窗口内容。

3）前进：前进到下一个数字化手册窗口内容。

4）主页：跳转到数字化手册第一个窗口内容。

5）搜索：将导航区切换到搜索页。

6）收藏：将当前浏览器内容添加到收藏夹。

7）注释：打开或关闭注释区窗口。

8）自定义：将导航区切换到自定义页。

9）属性：显示数字化手册属性窗口。

10）支持：显示系统支持窗口。

11）帮助：显示系统帮助文档。

12）退出：关闭数字化手册浏览器。

2. 导航区

导航区由以下五个功能页组成。

1）目录页 ：显示数字化手册目录树。

2）收藏夹页 ：显示收藏夹窗口。

3）索引页 ：显示数字化手册索引窗口。

4）搜索页 ：显示资料查询窗口。

5）自定义页 ：显示用户自定义资源目录树。

3. 信息区

信息区展示用户当前选择查看的手册内容。用户可在信息区进行资料查阅、公式计算、曲线图取值和流程设计等操作。

4. 注释区

注释区为用户提供添加注释、删除注释以及查看注释等功能。

2.3　数字化手册目录树

数字化手册的内容是按照目录树方式进行结构化组织的，当用户成功打开一个数字化手册后，浏览器将自动在导航区中显示该手册的目录树（见图2-3）。用户可单击目录树的展开图标展开或折叠文件夹，也可通过在目录树窗口中单击鼠标右键弹出右键菜单，使用右键菜单的"展开所有"或"折叠所有"功能展开或折叠目录树。

温馨提示：为方便用户使用，本数字化手册的目录、内容编排与机械工业出版社出版的《工程材料速查手册》（ISBN 978-7-111-38121-1）基本一致。

1. 目录树节点类型

目录树的节点分为文件夹节点和资源节点，分别有展开 和折叠 两种状态，用户可通过单击相应图标展开或折叠该文件夹。资源节点代表一个具体的手册资源，手册资源有多种类型，可能是一个网页、一个数据表，一个计算公式，也可能是一个图像文件或曲线图，每种类型的资源由不同的图标表示。当用户单击一个资源节点时，浏览器

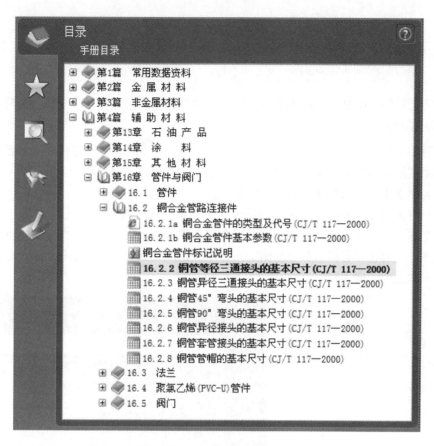

图 2-3   手册目录树

会自动根据该资源类型调用不同的资源运行器在信息区展示该资源的具体内容。

2. 资源类型及图标

数字化手册中每种类型的资源由不同的图标表示，下表中列出了数字化手册常见的资源类型及对应的图标。

数字化手册常见的资源类型及对应的图标

序　号	资 源 类 型	资 源 图 标	资源使用简述
1	网页		查看网页内容
2	数据表		数据查阅
3	计算公式		执行公式计算
4	曲线图		曲线图取值
5	设计流程		运行流程，进行工程设计
6	图像文件		查看图像

2.4 数字化手册索引

数字化手册索引是数字化手册内容的另一种组织形式，它按照中文拼音排序列表显示手册所有的内容。

如图 2-4 所示，单击导航区左侧的"索引"按钮，当用户将目录页切换到索引页后，浏览器自动在索引窗口中列出所有的按中文排序的手册资源列表，用户可直接在索引列表中选中一个条目使其在信息区显示。

用户对索引更有效的操作是通过输入文字对索引列表内容进行快速过滤。在图 2-4 所示的文本框输入文字的过程中，浏览器会自动根据输入内容快速对索引进行全文匹配动态过滤，只有包含有输入文字的索引条目才会出现在列表框中。通过此方法，用户可快速搜索和定位手册内容。

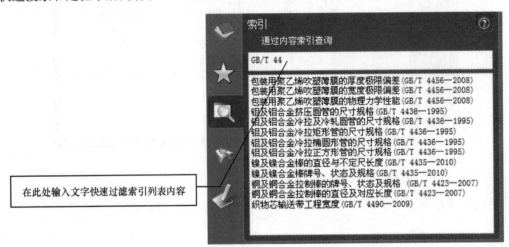

图 2-4 数字化手册索引

2.5 注释

在浏览数字化手册时，用户可以采用对指定窗口添加注释的方式添加客户数据，以便再次浏览该窗口时显示客户数据，方便阅读和记录要点。

对注释功能的所有操作都需要使用工具条上的"注释"按钮，打开"注释"对话框（见图 2-5）后才能进行。

1. 添加注释

在"注释"对话框中，单击"添加"按钮，则可对当前正在浏览的内容添加一条注释。用户在内容列中填写具体的注释内容后，单击"保存"按钮即可对注释进行保

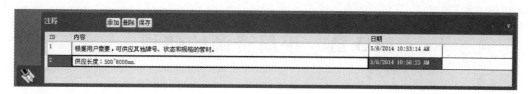

图 2-5　"注释"对话框

存。一个内容可以添加多条注释。

2. 查看注释

在浏览过程中，只要用户打开注释窗口，浏览器则会自动将当前正在浏览的内容注释显示在窗口中，以供用户查看。

3. 删除注释

用户在注释窗口选中需要删除的注释行，单击"删除"按钮即可删除注释，最后单击"保存"按钮进行保存。

第 3 章　手册资源的使用

数字化手册提供了网页、数据表、计算公式、图像和曲线图等多种资源，他们构成了数字化手册的具体内容。用户可利用浏览器提供的资源运行功能，通过操作和使用这些资源来实现辅助工程设计的目的。

3.1　网页资源的使用

数字化手册中的网页资源是通过浏览器内置的 Web 浏览器显示的。该浏览器除提供正常的 Web 网页显示功能外，还提供了禁止右键菜单、禁止内容复制和另存等内容保护功能，以及网页的"刷新""放大""缩小"及"页面查询"等辅助功能，如图 3-1 所示。

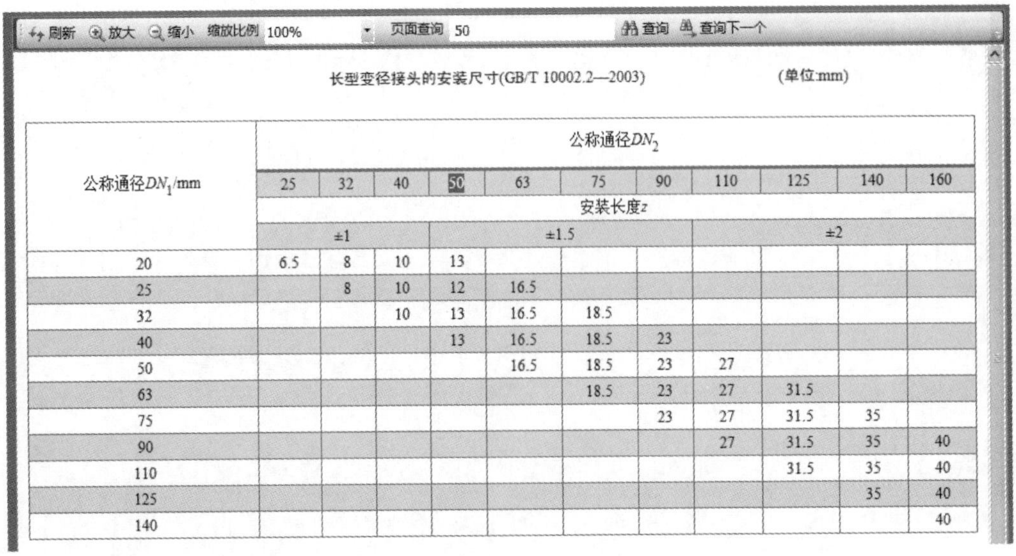

公称通径DN_1/mm	公称通径DN_2										
	25	32	40	50	63	75	90	110	125	140	160
	安装长度z										
	±1				±1.5				±2		
20	6.5	8	10	13							
25		8	10	12	16.5						
32			10	13	16.5	18.5					
40				13	16.5	18.5	23				
50					16.5	18.5	23	27			
63						18.5	23	27	31.5		
75							23	27	31.5	35	
90								27	31.5	35	40
110									31.5	35	40
125										35	40
140											40

长型变径接头的安装尺寸(GB/T 10002.2—2003)　　　　(单位:mm)

图 3-1　数字化手册中的网页资源

在内置 Web 浏览器工具条上提供的功能简述如下。

1）刷新：刷新当前网页。

2）放大：将当前网页放大一级进行显示。注意：该项功能需要 IE7（及以上）版本的支持。

3）缩小：将当前网页缩小一级进行显示。注意：该项功能需要 IE7（及以上）版本的支持。

4）缩放比例：直接选择当前网页的显示比例。

5）页面查询：在此编辑框中输入查询文字。

6）查询：在当前网页中搜索查询文字并定位到第一个。

7）查询下一个：在当前网页中搜索查询文字并定位到下一个。

3.2　数据表资源的使用

在图 3-2 所示的数字化手册中的"数据表"资源中，用户可查看到数据表的数据内容、备注以及例图。

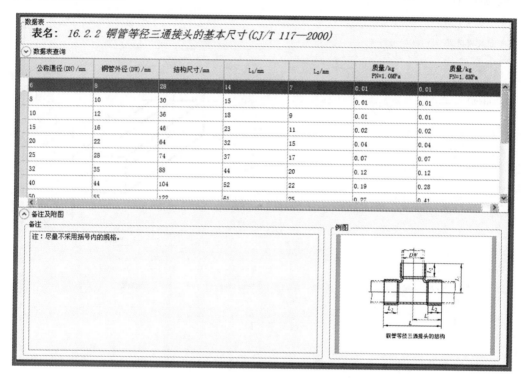

图 3-2　数字化手册中的"数据表"资源

温馨提示：由于本软件设计的特殊性，数据表中的物理量、上下标、斜体和范围符号等的显示可能和实际应用中有所区别，请用户参照相关标准的规定。

数据表采用行选方式显示当前选择的数据行，用鼠标左键双击当前数据行，系统会自动弹出图 3-3 所示的"数据表单行数据查看"窗口，在此窗口用户能够更完整地查看数据内容和复制数据。

图 3-3　"数据表单行数据查看"窗口

3.3　计算公式资源的使用

在图 3-4 所示的计算公式运行对话框中，系统显示"公式表达式""公式描述"
"运算结果""公式示意图"以及"公式参数表"等信息。其中用户可通过对话框上的
"放大"和"缩小"按钮对公式示意图进行缩放操作，也可在图片显示区域内按下鼠标
左键拖动图片进行移动查看。

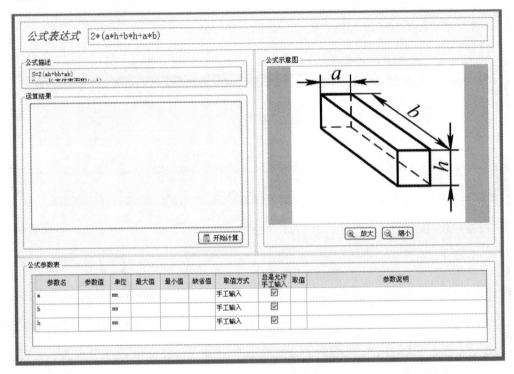

图 3-4　计算公式运行对话框

1. 参数值输入

在开始利用公式进行计算前，用户应首先在"公式参数表"中完成所有参数值的
输入。

根据在计算公式设计中对参数取值方式的定义，参数的取值方式有"手工输入"
"查表取值"和"曲线取值"三种方式，在此仅介绍手工输入和查表取值这两种方法。

1）对采用手工输入的参数，用户双击该参数的"参数值"单元格使其进入编辑状
态，然后手工输入参数值即可，如图 3-5 所示。

2）当定义取值方式为查表取值时，用户需单击图 3-6 上的按钮 来选择该参数关
联的取值数据表。

公式参数表

参数名	参数值	单位	最大值	最小值	缺省值	取值方式	总是允许手工输入	取值	参数说明
a	20	mm				手工输入	☑		
b	500	mm				手工输入	☑		
h	50	mm				手工输入	☑		

图 3-5　"手工输入参数值"对话框

公式参数表

参数名	参数值	单位	最大值	最小值	缺省值	取值方式	总是允许手工输入	取值	参数说明
d	20	mm				手工输入	☑		
h	50	mm				手工输入	☑		
f						查表取值	☐	🔍	
b	50	mm				手工输入	☑		

图 3-6　"查表取值"对话框

当用户单击🔍按钮后，系统会弹出如图 3-7 所示的"数据表取值"窗口。用户可根据自己的需要选定相应的数值。

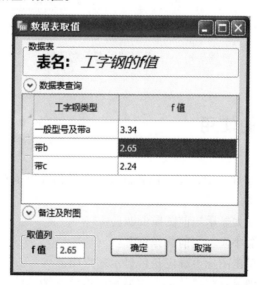

图 3-7　"数据表取值"窗口

2. 计算

一旦完成所有参数值的输入后，用户单击位于计算公式运行对话框（见图 3-4）中部的"开始计算"按钮，系统则根据公式表达式和输入的参数值进行计算，并将参数取值数据和计算结果等信息显示在"运算结果"显示对话框中,如图3-8所示。在公式计算过程中,如果出现参数值输入不完整或参数值超出限制等错误时,系统会弹出错误信息提示框对用户进行提示。

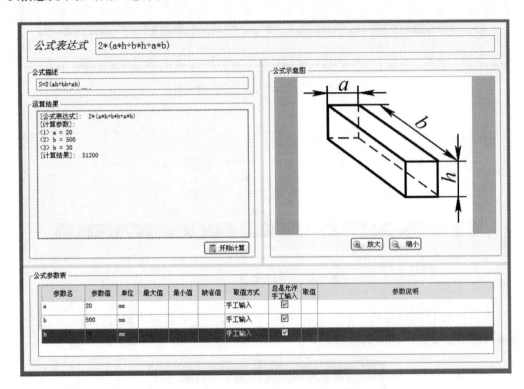

图3-8　　"运算结果"显示对话框

3.4　图像资源的使用

如图3-9所示,数字化手册浏览器内置的图像浏览器提供了对手册图像资源的显示及显示控制功能。这些功能包括:

1)放大:按比例放大显示当前图像资源。

2)缩小:按比例缩小显示当前图像资源。

3)显示缩略图:单击图标可确定是否显示缩略图。

4)缩略图:在图像显示窗口的右下方显示图像缩略图功能,用户可通过拖拉缩略图下方的滚动条放大或缩小图像,也可在缩略图窗口中按下鼠标左键,拖拉取景框,移动当前在图像显示窗口中的显示内容。在缩略图上方按下鼠标左键通过拖动可改变缩略图在信息区中的位置。

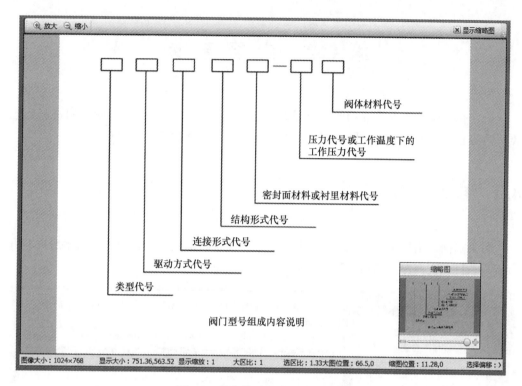

图 3-9　数字化手册中的图像资源

第4章 内容查询

数字化手册的一个重要功能，就是帮助用户快速、准确地查询到所需的资料和数据。内容查询的方式主要有目录查询、索引查询、搜索查询和数据表查询。

4.1 目录查询

目录查询是指按照数字化手册目录树，以多层级树形展开、折叠方式对手册内容进行查询。目录查询窗口如图4-1所示。

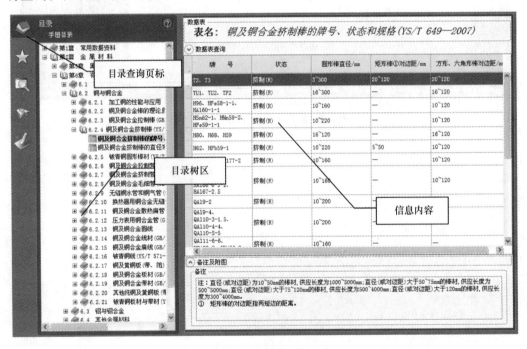

图4-1 目录查询窗口

1）启动目录查询：单击导航区的 "目录" 页标，在导航区中显示手册目录树。

2）展开/折叠：目录树可以通过双击的方法展开或折叠一个文件夹，也可以单击 "+" 展开一个文件夹，单击 "-" 折叠一个文件夹（在 Windows7 系统下，文件夹节点前有一个三角形展开图标，分别有展开 和折叠 两种状态，用户可通过单击该三角形图标展开或折叠该文件夹）。此外，用户也可选中一个文件夹节点后，单击鼠标右键，在随即弹出的快捷菜单中选择 "展开所有" 或 "折叠所有" 菜单项，来展开或折叠所有的节点。

3）显示内容：单击目录树中任意一个资源节点，浏览器将自动在信息区显示该资源节点指向的信息内容。

4.2　索引查询

索引查询是指按照手册资源标题文字排序的方式对手册内容进行查询。索引查询对话框如图 4-2 所示。

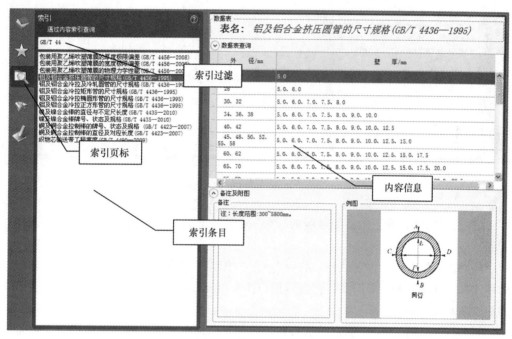

图 4-2　索引查询对话框

1）启动索引查询：单击导航区的 🔍 "索引"页标，在导航区中显示手册所有的索引条目。

2）过滤索引：在索引条目区上方的文本框中输入关键字，浏览器自动根据输入文字快速对索引进行全文匹配动态过滤，只有包含有输入文字的索引条目才会出现在列表框中。

3）显示内容：单击索引条目区中任意一个条目，浏览器将自动在信息区显示该条目指向的信息内容。

4.3　搜索查询

搜索查询是指在手册条目标题、用户注释以及数据表内容中对用户输入的关键字进行模糊匹配查询，帮助用户快速查找到感兴趣的内容。搜索查询对话框如图 4-3 所示。

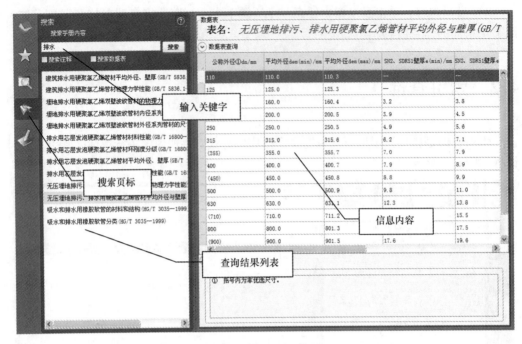

图4-3　搜索查询对话框

1）启动搜索查询：单击导航区的 🐟 "搜索"页标，在导航区中显示搜索查询对话框。

2）输入关键字：在搜索查询对话框上方的文本框中输入查询关键字。浏览器根据用户选择的查询范围在手册条目标题、用户注释以及数据表内容中对用户输入的关键字进行模糊匹配查询。

3）选择查询范围：浏览器默认只在手册条目标题中查询关键字，用户如果需要同时在注释或数据表内容中查询关键字，请选中搜索查询对话框上的"搜索注释"或"搜索数据表"选项。

4）执行查询：单击搜索查询对话框上的"搜索"按钮，执行查询。浏览器将根据用户选择的查询范围对用户输入的关键字进行模糊匹配查询，并将符合查询条件的手册条目显示在搜索查询对话框下方的查询结果列表中。

5）显示内容：单击查询结果列表区任意一个条目，浏览器将自动在信息区显示该条目指向的信息内容。

4.4　数据表查询

数据表查询是指在一个已经打开的数据表中对数据表内容进行更精确的查询。"数据表查询"对话框如图4-4所示。

1）打开数据表：采用前面提到的查询方法在信息区打开一个数据表，单击数据表

图 4-4　"数据表查询"对话框

中的"数据表查询"折叠按钮，展开查询对话框。

2）选择查询字段：在查询对话框的"查询字段"列表框中选择要查询的字段。浏览器自动列出该数据表中所有的字段，用户既可选择在某一个字段中查询，也可选择"［所有字段］"选项在数据表所有字段中查询输入的关键字。

3）输入关键字：在"查询文本"对话框中输入要查询的关键字。浏览器根据用户输入的关键字在数据表中进行精确或模糊匹配查询。

4）选择查询方式：在"数据表查询"对话框中选择"模糊查找"（默认）或"精确查找"方式。模糊查找是指只要数据表字段内容在任意位置包含有输入关键字的都认为是符合查询条件，精确查找是指只有数据表字段内容完全匹配输入关键字才被认为符合查询条件。

5）执行查询：单击"数据表查询"对话框上的"开始查询"按钮，执行查询。浏览器自动将符合查询条件的数据行显示在下方的列表区中。如果没有查询到任何符合查询条件的数据行，浏览器只清空列表区而不显示提示对话框。

6）单行数据查看和导出：对任何出现在列表区中的数据行，用户均可双击鼠标左键弹出该行的数据查看窗口，完整查看该数据行内容，并可将该行数据以文本文件方式导出，如图 4-5 所示。

7）显示全部：查询结束后，用户可单击"数据表查询"对话框上的"显示全部"按钮，重新在列表区中显示该数据表所有的数据行。

图 4-5　　"数据表单行数据查看"窗口

第 5 章 资源自定义

数字化手册为用户提供了资源自定义功能。手册用户可利用该项功能创建和使用数据表、计算公式和曲线图三种手册资源，从而建立起客户化的手册资源库，满足用户对数字化手册扩展性的需求。

5.1 资源自定义管理

1. 打开资源自定义管理

用户单击工具条区的"自定义"按钮 fx 或直接单击导航区的"自定义"按钮，即可在导航区打开"自定义"功能窗口（见图 5-1），开始资源自定义操作或查看自定义的资源内容。

在"自定义"功能窗口中，浏览器以树形结构对自定义的资源库进行内容组织。顶级三个节点分别代表数据表、公式和曲线三种自定义资源类型，用户可在这些顶级节点下分别创建、维护以及查看相应的资源。

2. 资源自定义创建和维护

在"自定义"功能区中，用户选中一个节点后，单击鼠标右键，在弹出的菜单中（见图 5-2）进行资源自定义的创建和维护操作。

图 5-1   "自定义"功能窗口   图 5-2   "自定义公式、表格、曲线"窗口

1）新建资源项：在当前位置创建一个公式（或数据表、或曲线）资源节点。

2）新建文件夹：在当前位置创建一个文件夹节点。

3）展开所有：展开所有自定义目录树节点。

4）折叠所有：折叠所有自定义目录树节点。

5）删除选择项：删除当前选择节点及该节点下所有的子节点项。

6）重命名：重新命名当前选择节点标题。

在数据表、公式或曲线图资源类别中，用户可选中一个节点后，按下鼠标左键对自定义资源项进行拖拉操作来调整自定义资源目录结构树。其中在拖拉过程中，若按下"Ctrl"键，可阻止一个节点被拖拉到文件夹中（即只拖放在该文件夹节点的前后位置）。

5.2　数据表资源自定义

数据表资源开发通常采用两种方法：一种是手工设计开发，通过分别定义数据表结构和输入数据的方式来生成数据表；另一种是通过导入一个符合格式要求的 Excel 文件生成数据表。

1. 手工设计开发

（1）新增数据表资源　在"自定义"功能窗口（见图5-1）中选择"数据表"顶级节点或该顶级节点下任何一个节点，单击鼠标右键，弹出快捷菜单，在快捷菜单中选择"新建数据表"菜单项，新增一个用户自定义的数据表资源。浏览器自动弹出"自定义数据表属性"对话框（见图5-3），用户可在该对话框中修改数据表名称。

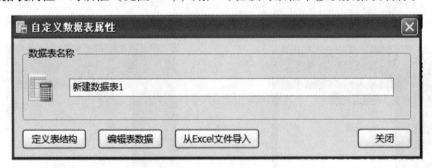

图5-3　"自定义数据表属性"对话框

（2）定义数据表结构　单击"自定义数据表属性"对话框下方的"定义表结构"按钮，弹出"数据表列定义"对话框（见图5-4）。在该对话框中，用户可通过单击对话框右侧的"添加""删除""修改""上移""下移"按钮来完成数据列的添加、删除、修改以及上下位置移动。不过，一旦数据表已经输入了数据，则只能对数据列的显示名称和显示宽度进行修改，不能再增加、删除和上下移动数据列。

数据表结构定义完成后，单击"保存"按钮对数据表列定义进行保存。

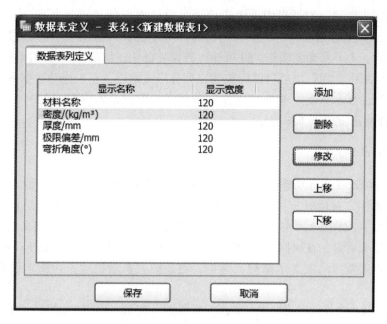

图 5-4　"数据表列定义"对话框

（3）编辑数据表数据　当完成定义表结构后，单击"自定义数据表属性"对话框下方的"编辑表数据"按钮，在弹出的"数据表编辑"对话框（见图 5-5）中对数据表的内容进行输入和修改。

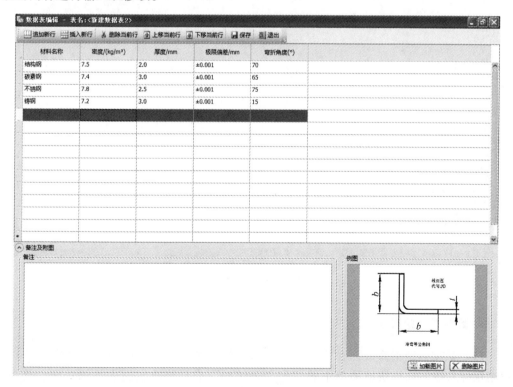

图 5-5　"数据表编辑"对话框

在“数据表编辑”对话框中，用户可通过对话框上的“追加新行”“插入新行”“删除当前行”“上移当前行”“下移当前行”等功能，对数据表中的数据进行行数据的新增、删除、上下移动等操作，并可输入数据表备注，加载、删除数据表例图等。

在该对话框中，用户也可将鼠标放置在列分隔线附近，左右拖动数据列分隔线来直接改变数据列的显示宽度。单击“保存”按钮后，数据录入窗口中的列显示宽度将会自动应用到数据表的浏览窗口上。

2. 从 Excel 导入

（1）启动 Excel 导入功能　有两种方式可启动 Excel 导入功能。一种方式是从“自定义数据表属性”对话框（见图 5-3）中启动 Excel 导入。另一种方式是直接在“自定义”功能窗口（见图 5-1）中选择“数据表”顶级节点下任意一个已定义的数据表资源节点，单击鼠标右键，在快捷菜单中选择“导入 Excel”菜单项，启动 Excel 导入功能。如果当前数据表资源已定义了结构或数据，则系统会自动提示是否覆盖已有的结构和数据。

（2）对 Excel 文件的格式要求　如图 5-6 所示，在 Excel 中的数据必须采用二维数据表的格式，并放置在第一个数据页（sheet1）中，二维表的第一行是数据列标题，其他非空行是数据行数据。如果最后行是数据表的备注内容，则需要在行开头加上“ <R> ”以进行标识。

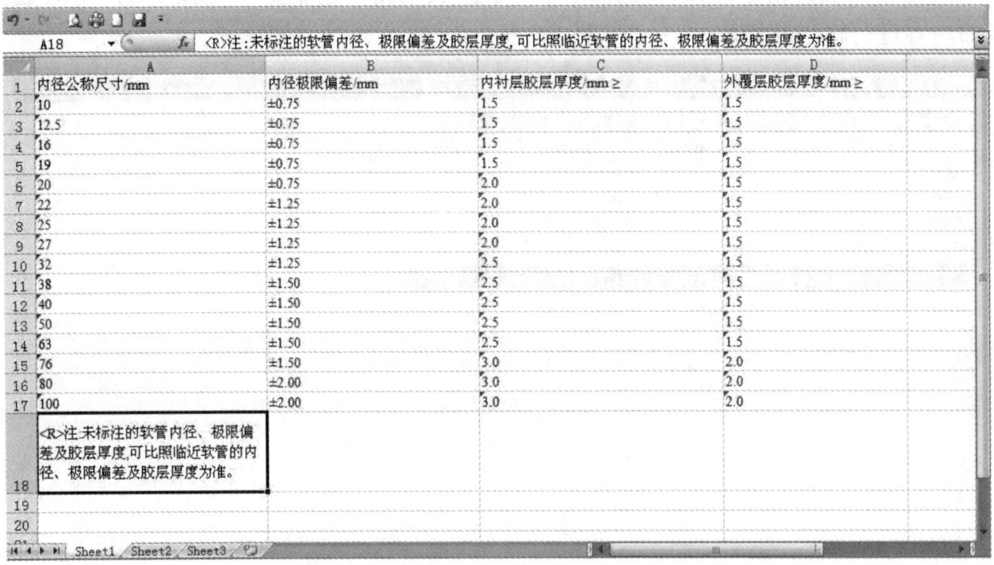

	A	B	C	D
1	内径公称尺寸/mm	内径极限偏差/mm	内衬层胶层厚度/mm ≥	外覆层胶层厚度/mm ≥
2	10	±0.75	1.5	1.5
3	12.5	±0.75	1.5	1.5
4	16	±0.75	1.5	1.5
5	19	±0.75	1.5	1.5
6	20	±0.75	2.0	1.5
7	22	±1.25	2.0	1.5
8	25	±1.25	2.0	1.5
9	27	±1.25	2.0	1.5
10	32	±1.25	2.5	1.5
11	38	±1.50	2.5	1.5
12	40	±1.50	2.5	1.5
13	50	±1.50	2.5	1.5
14	63	±1.50	2.5	1.5
15	76	±1.50	3.0	2.0
16	80	±2.00	3.0	2.0
17	100	±2.00	3.0	2.0
18	<R>注:未标注的软管内径、极限偏差及胶层厚度,可比照临近软管的内径、极限偏差及胶层厚度为准。			
19				
20				

图 5-6　Excel 文件格式

3. 数据表资源修改

（1）数据表结构修改　在自定义资源目录树选中一个已生成的数据表资源节点，单击鼠标右键，选择快捷菜单中的“定义表结构”启动修改数据表结构功能。其中，如果该数据表已输入了数据，则只允许用户修改数据列的显示名称和显示宽度。

（2）数据表内容修改　在自定义资源目录树选中一个已生成的数据表资源节点，单击鼠标右键，选择快捷菜单中的"数据编辑"启动修改数据表内容功能。

5.3　公式资源自定义

用户可通过浏览器提供的自定义公式功能来设计和使用计算公式。

在"自定义"功能窗口（见图 5-1）中选择"公式"顶级节点或该顶级节点下任何一个节点，单击鼠标右键，弹出快捷菜单，选择"新建公式"菜单项，新增一个用户自定义的工程计算公式。浏览器自动弹出"公式编辑"对话框（见图 5-7），供用户进行计算公式的设计工作。

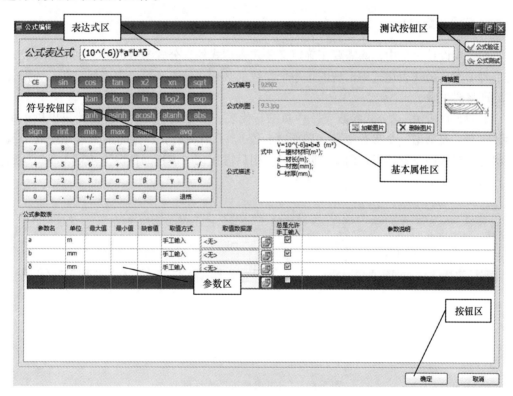

图 5-7　"公式编辑"对话框

1. "公式编辑"对话框功能简介

"公式编辑"对话框分为六个区域：

（1）表达式区　在该区域输入公式表达式。公式表达式由运算符、常量、常规公式以及公式参数构成，典型的公式表达式如 $2000 * T / (\cos(\alpha) + \sin(\beta))$。在定义公式表达式时，用户可利用符号按钮区中的功能按钮来插入常规公式、运算符以及常量数字。

用户在定义表达式时要注意以下两点：

1）表达式中的字母分大小写。比如：参数 A 和 a 是不同的两个参数；正确的正弦函数应输入 sin 而不应该输入 Sin。

2）表达式中出现的参数必须在参数区中进行定义，否则公式验证将会报错。

（2）符号按钮区　该区域提供常用的表达式定义符号、常量数字和函数，方便用户定义公式表达式。

（3）基本属性区　该区域提供公式编号、公式例图以及公式描述等属性定义功能。

（4）参数区　该区域提供对在公式表达式中出现的参数进行定义的功能。

（5）测试按钮区　分别提供公式验证和公式测试两个功能。

（6）按钮区　用户可单击"确定"按钮对当前的公式设计进行保存，也可点击"取消"放弃修改。

2. 公式参数定义

在公式设计过程中，除需要正确定义公式表达式外，公式参数的定义也是公式设计的重要工作。公式表达式中出现的每一个参数都必须在公式参数表中进行定义，否则公式验证将会失败。

如图 5-8 所示，"公式参数表"中每一行代表一个参数定义。系统初始只提供一个参数定义，要新增一个参数定义（即新增一行），只需在最后一行的某个单元格处于编辑状态下按入回车键即可；而要删除某行，则只需在选中该行的情况下按下 Delete（删除）键。

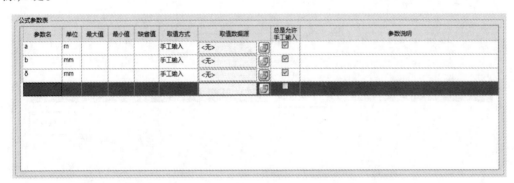

图 5-8　"公式参数表"对话框

每个参数的定义包括以下属性：

1）参数名：参数标识，即参数在表达式中出现的英文字母（或字母组合），注意区分大小写。

2）单位：参数单位，中英文均可。

3）最大值：允许该参数的最大输入值。如果不填写，则表示该参数没有最大值限制。

4）最小值：允许该参数的最小输入值。如果不填写，则表示该参数没有最小值限制。

5）缺省值：在公式计算时该参数的初值。如果不填写，则表示该参数在公式计算时的初值为空。

6）取值方式：在公式计算时该参数的来源方式，目前系统支持手工取值、数据表取值和曲线图取值方式三种方式。

7）总是允许手工输入：如果该选项被选中，则表示即使参数取值方式定义为数据表取值或曲线图取值，也允许用户手工输入参数值，否则只能从数据表或曲线图获取参数值。

8）参数说明：对参数的详细说明和描述。

3. 公式验证和测试

当公式设计完成后，用户可利用"公式验证"和"公式测试"两个功能，来检查公式设计的正确性或测试公式在使用时的真实状况。

1）公式验证。单击"公式编辑"对话框（见图 5-7）右上的"公式验证"按钮执行公式验证操作。

当启动公式验证后，浏览器弹出"公式验证"对话框（见图 5-9）。用户在对话框中输入参数值后单击"确定"按钮，系统自动对当前的公式定义进行验证，并将验证结果以窗口方式提示用户，如图 5-10 所示。

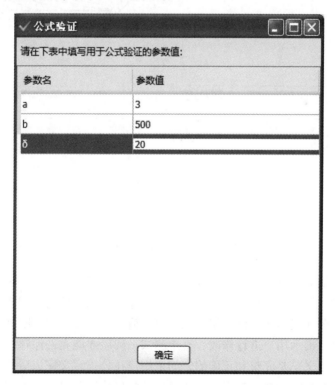

图 5-9 "公式验证"对话框

2）公式测试 除公式验证外，系统还提供了公式测试功能，该功能通过模拟公式的正常使用，让用户在公式开发过程中就能全面了解公式的真实运行情况。

图 5-10　　"系统提示"窗口

单击"公式编辑"对话框（见图 5-7）右上的"公式测试"按钮执行公式测试操作（见图 5-11）。

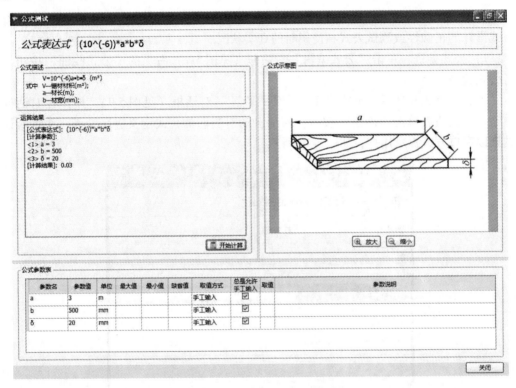

图 5-11　　"公式测试"对话框

在"公式参数表"中输入参数值后，单击"开始计算"按钮，系统会根据公式表达式和输入的参数值进行计算，并将取值数据和计算结果等信息，显示在"运算结果"框中。如果因为公式表达式设计错误，或参数值输入不完整、超出限制等，系统会弹出错误信息提示框，提示用户进行修改，直至测试正确后才能允许保存。

为保证公式定义总是完整和正确的，如果用户在公式定义完成后没有对公式进行验证或测试操作，则系统会在用户保存公式时自动弹出验证窗口，要求用户对公式进行验证。如果验证失败，则不允许保存。